北京时代华文书局

图书在版编目（CIP）数据

当诗词遇见科学：全20册 / 陈征著 . — 北京：北京时代华文书局，2019.1（2025.3重印）
ISBN 978-7-5699-2880-8

Ⅰ．①当… Ⅱ．①陈… Ⅲ．①自然科学－少儿读物②古典诗歌－中国－少儿读物 Ⅳ．①N49②I207.22-49

中国版本图书馆CIP数据核字(2018)第285816号

拼音书名 | DANG SHICI YUJIAN KEXUE：QUAN 20 CE

出 版 人 | 陈 涛
选题策划 | 许日春
责任编辑 | 许日春 沙嘉蕊
插　　图 | 杨子艺 王 鸽 杜仁杰
装帧设计 | 九 野 孙丽莉
责任印制 | 訾 敬

出版发行 | 北京时代华文书局 http://www.bjsdsj.com.cn
北京市东城区安定门外大街138号皇城国际大厦A座8层
邮编：100011 电话：010-64263661 64261528
印　　刷 | 天津裕同印刷有限公司
开　　本 | 787 mm×1092 mm 1/24 印 张 | 1 字 数 | 12.5千字
版　　次 | 2019年8月第1版 印 次 | 2025年3月第15次印刷
成品尺寸 | 172 mm×185 mm
定　　价 | 198.00元（全20册）

自 序

一天，我坐在客厅的沙发上，望着墙上女儿一岁时的照片，再看看眼前已经快要超过免票高度的她，恍然发现，女儿已经六岁了。看起来她一直在身边长大，可努力搜索记忆，在女儿一生最无忧无虑的这几年里，能够捕捉到的陪她玩耍，给她读书讲故事的场景，却如此稀疏……

这些年奔忙于工作，陪孩子的时间真的太少了！

今年女儿就要上小学，放眼望去，小学、中学、大学……在永不回头的岁月中，她将渐渐拥有自己的学业、自己的朋友、自己的秘密、自己的忧喜，直到拥有自己的家庭、自己的人生。唯一渐渐少了的，是她还愿意让我陪她玩耍，给她读书、讲故事的时间……

不能等到孩子不愿听的时候才想起给她读书！这套书就源自这样的一个念头。

也许因为我是科学工作者，科学知识是女儿的最爱，她每多了解一个新的科学知识，我都能感受到她发自内心的喜悦。古诗词则是我的最爱，那种“思飘云物动，律中鬼神惊”的体验让一个学物理的理科男从另一个视角感受到世界的美好。当诗词遇见科学，当我读给孩子，这世界的“真”“善”与“美”如此和谐地统一了。

书中的科学知识以一个个有趣的问题提出，目的并不在于告诉孩子答案，而是希望引导孩子留心那些与自然有关的细节，记得观察生活、观察自然；引导孩子保持对世界的好奇心，多问几个为什么。兴趣、观察和描述才是这么大孩子的科学教育应该做的。而同时，对古诗词的赏析，则希望孩子们不要从小在心里筑起“文”与“理”之间的高墙，敞开心扉去拥抱一个包括了科学、文化和艺术的完整的世界。

不得不承认，这套书选择小学语文必背的古诗词，多少还是有些功利心在其中。希望在陪伴孩子的同时，也能为孩子的学业助一把力。

最后，与天下的父母共勉：多陪陪孩子，趁着他们还没长大！

guān shū yǒu gǎn

观书有感

宋 朱熹

bàn mǔ fāng táng yí jiàn kāi

半亩方塘一鉴开，

tiān guāng yún yǐng gòng pái huái

天光云影共徘徊。

wèn qú nà dé qīng rú xǔ

问渠那得清如许？

wèi yǒu yuán tóu huó shuǐ lái

为有源头活水来。

释词

1 方塘：又称半亩塘，在福建尤溪城南郑义斋馆舍内。

2 鉴：镜子。

3 徘徊：来回移动。

4 渠：这里指方塘中的水。

5 那得：怎么会。

译文

半亩地大的方形池塘像一面镜子般清澈干净，天光和云影在水面上闪耀浮动。咦，池塘中的水为何如此清澈呢？哦，原来因为有永不枯竭的源头不断地为它输送活水。学习也符合这道理，唯有不断地阅读，认真地思考，才会获得新知。

水有味道吗？

说起水，我们都觉得它无色透明，也没有味道。

水真的没有味道吗？

这要从我们的味觉说起。人的舌头上有大约一万个味蕾，能够感知酸、甜、苦、咸、鲜五种味道。当有味道的物质溶解到唾液里，和味蕾上的蛋白质发生反应，产生电信号送给大脑，味道就会被人感知到。水里并没有任何能够刺激味蕾的物质，所以我们通常认为水是没有味道的。

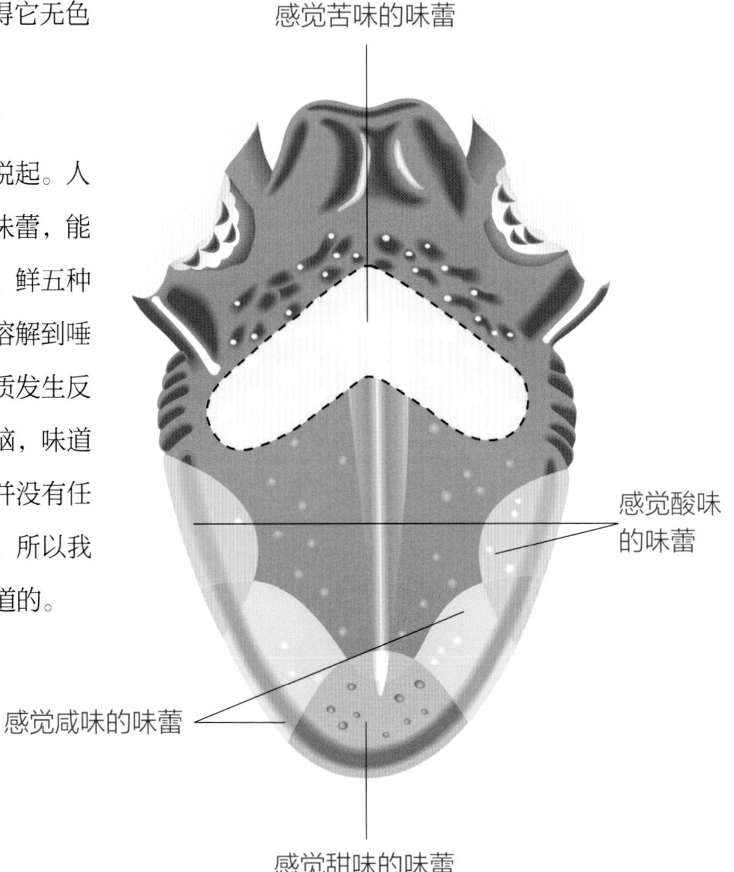

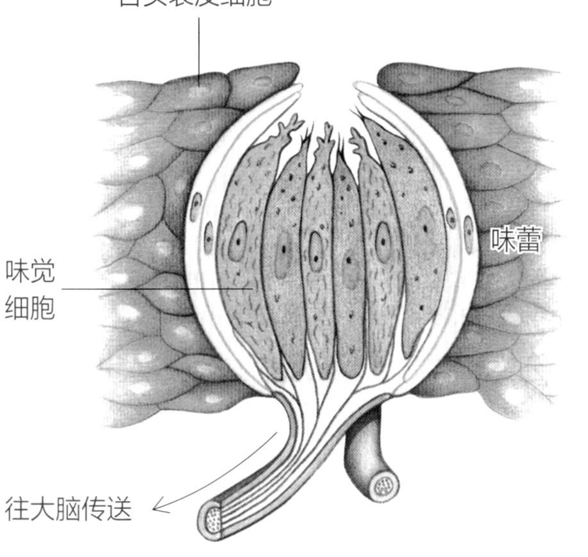

可实际上人们喝水时常会觉得水有些特别的味道。这是因为唾液本身含有盐等有味道的物质，这些物质平时会持续对味蕾产生刺激，而人已经适应了这种刺激，所以感觉不到味道。

可是喝水时，水稀释了唾液，唾液对味蕾的刺激有所变化，人反而会感知味道。加上我们通常所喝的水多少含有一些矿物质，或多或少会影响对味蕾的刺激，所以我们喝不同品牌、不同来源的水时，往往会感受到不同的口感和味道。

水会死吗？

我们平时会把清澈、流动的水叫作活水，把不流动的水叫作死水。那么水真的会死吗？

从科学的角度看，水本身是一种无机物，它并没有生命，也就无所谓生死。但是水是孕育生命的源泉，它为许多生命提供了生存的环境，如果把水和生活在其中的生物看作一个整体，它还是有“活”和“死”的。

我们平时所说的“死水”，其实里面并不是没有生命。长期不流动的水里聚集了许多有机物，滋生了大量微生物和藻类。因为这些微生物和藻类消耗了水中的氧气，使得大型的鱼虾没有办法生存，所以看起来死气沉沉。

我们平时所说的“活水”，因为不断流动，没有过多的微生物和藻类滋生，有足够的氧气可以供大型的鱼虾生存，看上去就显得生机勃勃。

而对于特别纯净的水，水至清则无鱼，水里没有任何生命，其实才是真正意义上的“死水”。

宋 叶绍翁

yóu yuán bù zhí
游园不值

yīng lián jī chǐ yìn cāng tái
应怜屐齿印苍苔，

xiǎo kòu chái fēi jiǔ bù kāi
小扣柴扉久不开。

chūn sè mǎn yuán guān bú zhù
春色满园关不住，

yì zhī hóng xìng chū qiáng lái
一枝红杏出墙来。

释词

1 值：遇到，有机会。

2 屐齿：木屐底部的锯齿，可以防滑。

3 苍苔：青苔。

4 柴扉：用树枝编成的简陋的门。

译文

我来到朋友家的花园门前，轻轻叩打柴门，许久也不见有人来开。我思考了一会儿，想明白了，或许是花园的主人担心我的木屐踩坏了他爱惜的青苔，才将我拒之门外吧。哈哈，我才不恼怒，因为满园的春色到底是关不住的。倘若不信，你看啊，早有一枝粉红色的杏花伸出墙外来。

古代鞋子长啥样？

在上古的原始社会，人们是不穿鞋的。大家都打着赤脚，脚底磨出了厚厚的茧子，踩在粗糙的地面上不那么疼。可是只靠厚厚的老茧保护，踩在锋利的石头、树枝上还是会受伤的。于是人们渐渐学会用动物的皮毛和植物的根茎把脚裹起来，这样既能保护脚不受伤，又可以保暖御寒。

几千年前，人们发明了用草做成草绳，再用草绳编织成草鞋的方法，鞋子正式走进了人们的生活。

春秋战国时，人们用兽皮加工做成大皮靴，到了汉代出现了用布做的轻便的布鞋。

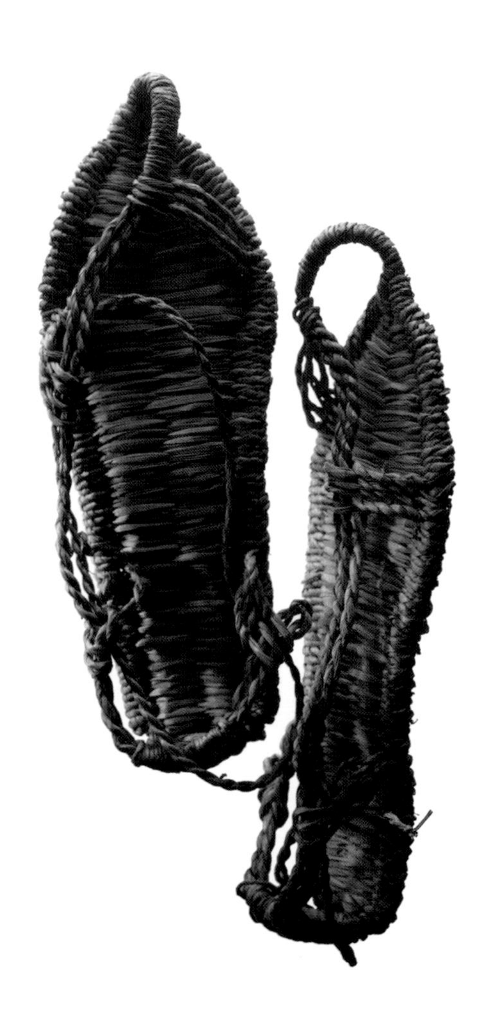

魏晋时期的鞋最有意思。人们用木头做成木屐，成为当时特别流行的鞋。最早的木屐上有几个洞方便穿绳，后来有一个叫谢玄的人，还发明了有能拆卸的活动齿的木屐，爬山或是走泥地都很方便，这种鞋被叫作谢公屐。

隋唐时人们用麻做成麻鞋，宋辽时又出现了各种皮鞋。到了明清时出现了靴子、莲花底鞋等种类繁多的鞋。

今天随着科技的发展，针对不同应用的各种鞋层出不穷，功能和舒适性都比古代的鞋好许多。不过，在科技不发达的古代，人们利用有限的工具和材料，能够发挥奇思妙想，发明出各种有趣的鞋，实在是一件了不起的事。

为什么杏仁可以吃但桃仁却不能？

平时我们吃杏的时候，有时会砸开杏核吃里面的杏仁，发现有的杏仁发甜，有的则发苦。吃桃子的时候，也有人砸开桃核吃里面的桃仁，那些桃仁基本都是苦的。

大家一定要注意，最好不要砸开杏核或桃核吃新鲜的杏仁或桃仁。

因为桃仁、杏仁里面都含有一种叫作“苦杏仁苷”的物质，这种物质溶于水之后会释放出一种叫作氢氰酸的物质，被人体吸收后会让人体中的呼吸酶失去作用，造成窒息、昏迷，严重的时候甚至会导致死亡。苦杏仁和桃仁里的苦杏仁苷含量比较多，一次吃得比较多时，苦杏仁苷在胃里释放出大量氢氰酸，很容易发生中毒。

我们平时吃的杏仁，是把新鲜的甜杏仁经过加工处理，去除苦杏仁苷后制成的。新鲜的甜杏仁里虽然苦杏仁苷含量比较低，但也不宜多吃。

宋 翁卷

xiāng cūn sì yuè
乡村四月

lù biàn shān yuán bái mǎn chuān, zǐ guī shēng lǐ yǔ rú yān
绿遍山原白满川，子规声里雨如烟。

xiāng cūn sì yuè xián rén shǎo, cái liǎo cán sāng yòu chā tián
乡村四月闲人少，才了蚕桑又插田。

释词

1 山原：山峰和原野。

2 白满川：指稻田里的水色和天光相互辉映。

3 子规：杜鹃鸟。

4 蚕桑：种桑养蚕。

江南农村初夏时节的风光多美啊！不信你看，山坡田野间草木茂盛，目之所及，郁郁葱葱，绿意盎然；稻田里的水色和天光相互辉映，泛着粼粼的白光。杜鹃鸟欢快地啼叫着，天空中烟雨蒙蒙，大地上欣欣向荣。乡村的四月是忙碌的季节，没有人闲着，大家刚刚结束了种桑养蚕的事，又忙着插秧了。

子规是什么？它是益鸟还是害鸟呢？

诗中的子规，指的是杜鹃鸟。这种鸟的叫声听起来有些哀伤，古人想象它在盼望自己的孩子回来，有杜鹃啼归的说法，所以杜鹃鸟也叫子规。

杜鹃以昆虫为食，那些其他鸟都不敢吃的松毛虫、毒蛾之类的森林害虫，都是杜鹃的美味，所以从保护森林的角度看，杜鹃是一种森林益鸟。

但是杜鹃在繁育宝宝这件事儿上，却有鸠占鹊巢的行为。杜鹃会把自己的蛋生在其他鸟的窝里，由别的鸟替它孵蛋、照顾杜鹃宝宝。更糟糕的是，杜鹃的宝宝破壳比较早，一旦破壳，杜鹃宝宝会把窝里养父母生的那些鸟蛋推出窝去，自己独占养父母的照顾。作为一种自然本能，杜鹃的这种行为，只是它的生活习性，不能因此就说杜鹃是一种坏鸟。

然而如果从人类的道德角度来看，这实在是一种自私自利、令人不齿的行为。

插秧种的是什么？

诗中的插田指的是插秧，所插的秧苗是水稻。

许多人爱吃的米饭，就是用水稻的籽实——米做成的。全世界大约有三分之一的人以米为主食,所以水稻是一种特别重要的粮食作物。

水稻在中国有几千年的种植历史，从古至今都是中国人的主要食物来源之一。古人常说的五谷“麦、稻、稷、菽、黍”中的“稻”就指的是水稻；“麦”指的是麦子，我们常吃的面粉就是麦子的籽实磨成的；“稷”也叫“粟”，指的是小米；“黍”指的是黄米；“菽”则指的是大豆。

与种麦子时直接把麦种撒进田里不同，水稻的种植一般分成两步：先在秧田里把种子培育成秧苗，然后再把秧苗从密集的秧田移栽到广阔的稻田里，这个移栽的过程，就是我们平常看到的插秧。

中国科学家对水稻的科学研究作出了特别重要的贡献，被誉为杂交水稻之父的袁隆平院士就是其中的杰出代表。通过杂交的方法，让水稻产量成倍增加，解决了千百万人的吃饭问题。

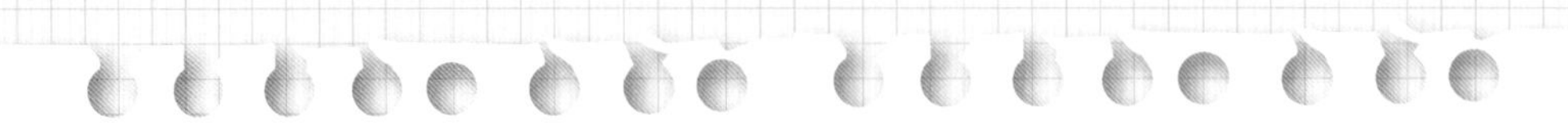

科学思维训练小课堂

① 请家人给你做几道不同的菜，品尝一下，味道有什么不同？

② 春天里，除了植物，其他生物在做什么？

③ 比较一下你的鞋子，哪一双是你最喜欢的？为什么？

扫描二维码回复“诗词科学”

即可收听本书音频